T/CAGHP 059—2019

目　次

前言	Ⅲ
引言	Ⅳ
1 范围	1
2 规范性引用文件	1
3 术语	2
4 基本规定	3
5 施工准备	3
5.1 施工技术准备工作内容	3
5.2 施工场地准备工作内容	4
5.3 施工组织设计编制依据	4
5.4 施工组织设计编制内容和方法	5
6 灌注充填法	5
6.1 一般规定	5
6.2 现场试验	6
6.3 注浆(骨料)材料及浆液性能要求	6
6.4 注浆施工设备要求	7
6.5 注浆站要求	7
6.6 制浆技术要求	7
6.7 钻孔施工技术要求	9
6.8 止浆技术要求	10
6.9 洗孔与压水试验技术要求	10
6.10 浆液(骨料)灌注技术要求	10
6.11 注浆结束与封孔要求	11
6.12 工程竣工资料要求	11
7 其他防治方法	11
7.1 开挖回填法	11
7.2 砌筑支撑法	13
7.3 桩基穿(跨)越法	14
7.4 井下巷道加固法	16
8 防治工程监测	18
9 环境保护与施工安全措施	19
9.1 环境保护	19
9.2 施工安全措施	19
10 施工质量检验与验收	20
10.1 一般规定	20

10.2 灌注充填法 …………………………………………………………………………………… 21
10.3 开挖回填法 …………………………………………………………………………………… 23
10.4 砌筑支撑法 …………………………………………………………………………………… 23
10.5 桩基穿(跨)越法 ……………………………………………………………………………… 24
10.6 井下工程 ……………………………………………………………………………………… 24
10.7 工程验收 ……………………………………………………………………………………… 25
附录 A（资料性附录） 水泥粉煤灰浆和水泥黏土浆中各材料用量计算公式 …………………… 26
附录 B（规范性附录） 灌注充填法施工附表 ………………………………………………………… 27
附录 C（资料性附录） 灌注充填法工程质量评定单元划分一览表 ………………………………… 34
附录 D（资料性附录） 灌注充填法工程质量评定分值计算办法 …………………………………… 35
附录 E（资料性附录） 灌注充填法施工过程质量(分项工程评定)评定表 ………………………… 36
附录 F（资料性附录） 灌注充填法工后质量检测评定表 …………………………………………… 38
附录 G（资料性附录） 灌注充填法工程质量评定表 ………………………………………………… 39

前　言

本规范按照 GB/T 1.1—2009《标准化工作导则　第 1 部分:标准的结构和编写》给出的规则起草。

本规范附录 A、C、D、E、F、G 为资料性附录;附录 B 为规范性附录。

本规范由中国地质灾害防治工程行业协会提出并归口。

本规范起草单位:中国煤炭科工集团西安研究院有限公司、西安中交公路岩土工程有限责任公司。

本规范主要起草人:刘天林、刘小平、徐拴海、王玉涛、曹晓毅、张宝元、刘浩琦、汪成、毛旭阁、陈忠平、王建斌、张敏静、刘运平、梁乃森。

本规范由中国地质灾害防治工程行业协会负责解释。

引 言

为提高采空塌陷防治工程施工技术水平，统一技术标准，贯彻执行国家的技术经济政策，做到安全适用、技术先进、经济合理、确保质量、节约能源、保护环境，特制定本规范。

采空塌陷防治工程施工技术规范(试行)

1 范围

本规范规定了采空塌陷防治工程的施工组织设计、地面注浆(骨料)充填、开挖回填、干(浆)砌支撑、桩基穿(跨)越、井下巷道加固等施工方法及要求。

本规范适用于因地下固体矿床开采所引起的采空塌陷防治工程施工和质量检验工作。

2 规范性引用文件

下列文件中的条款通过本规范的引用而成为本规范的条款。凡是注日期的引用文件,仅注日期的版本适用于本规范。凡是不注日期的引用文件,其最新版本(包括所有的修改单)适用于本规范。

GB 175　通用硅酸盐水泥
GB 1596　用于水泥和混凝土中的粉煤灰
GB 6722　爆破安全规程
GB 50003　砌体结构设计规范
GB 50175　露天煤矿工程质量验收规范
GB 50201　土方与爆破工程施工及验收规范
GB 50202　建筑地基基础工程施工质量验收规范
GB 50204　混凝土结构工程施工质量验收规范
GB 50026　工程测量规范
GB/T 50266　工程岩体试验方法标准
GB 50778　露天煤矿岩土工程勘察规范
GB 51044　煤矿采空区岩土工程勘察规范
GB 51180　煤矿采空区建(构)筑物地基处理规范
CECS 22　岩土锚杆(索)技术规程
DL/T 5148　水工建筑物水泥注浆施工技术规范
JGJ 8　建筑变形测量规范
JGJ 46　施工现场临时用电安全技术规范
JGJ 63　混凝土用水标准
JGJ 79　建筑地基处理技术规范
JGJ 94　建筑桩基技术规范
JGJ 106　建筑基桩检测技术规范
JGJ/T 98　砌筑砂浆配合比设计规程
JTG/TD 31　采空区公路设计与施工技术细则
MT/T 502　煤矿矿井巷道断面及交叉点设计规范

3 术语

下列术语和定义适用于本规范。

3.1
采空区 mined-out area
地下固体矿床开采后的空间,及其围岩失稳而产生位移、开裂、破碎垮落,直到上覆岩层整体下沉、弯曲所引起的地表变形和破坏的地区或范围。

3.2
采空塌陷 goaf collapse
由于地下资源开采形成空间,造成上部岩土层在自重作用下失稳而引起的地面塌陷现象。

3.3
注浆法 grouting method
将某些能固化的浆液注入岩土体的裂缝或孔隙中,以改善其物理力学性质达到防渗、堵漏、加固和纠正建筑物偏斜等的方法。

3.4
开挖回填法 excavation and backfill method
针对采空区塌陷形成的地质灾害,采用开挖清除塌陷区岩土体后,再使用适宜的岩土体或其他替代物质材料按照有关规定分层碾压回填,并消除采空塌陷危害的方法。

3.5
砌筑支撑法 masonry support method
针对洞室空间较大、顶板存在塌陷风险的采空区,采用干砌、浆砌砌体、浇注混凝土或预制钢筋混凝土柱等措施,以支撑采空区顶板,消除采空区塌陷风险的处理方法。

3.6
桩基穿(跨)越法 pile foundation (cross) cross method
当地下采空区构成对地表建(构)筑物的塌陷威胁时,利用桩基穿透或跨越采空区,防止采空塌陷变形影响其上部建(构)筑物安全的方法。

3.7
井下巷道加固法 underground roadway reinforcement method
在井下通过对采空塌陷巷道加固的方式,阻止采空塌陷变形对上部建(构)筑物影响的方法。

3.8
下行式注浆 downward grouting
针对多层采空区或地质条件特别复杂、地层破碎的单层采空区,采用自上而下分层或分段交替进行的钻孔与注浆作业。

3.9
全段上行式注浆 the whole upward grouting
全段上行式注浆,即钻孔钻至设计深度,一次性灌注全孔段,此方法适于单层采空区注浆。

3.10
分段上行式注浆 upward grouting
钻孔一次钻至设计深度,自下而上分段依次进行注浆作业。此方法适合于多层采空区,或地质条件特别复杂、地层破碎的单层采空区。

4 基本规定

4.1 采空塌陷防治工程施工应由具备相应施工资质及经验的单位承担,并应配备专业的施工技术人员和管理人员。

4.2 采空塌陷防治工程施工开工前应编制切实可行的施工组织设计。对于重要的分项工程应编制分项工程施工组织设计。施工组织设计必须经施工单位技术负责人审核并报监理工程师审批后实施。

4.3 施工组织设计应积极采用和推广可靠的新技术、新工艺和新材料,宜优先考虑利用工程所在地广泛存在的工程材料,合理利用矿渣、尾矿等废弃物,并应遵守国家现行安全生产和环境保护等有关规定。

4.4 重大复杂的采空塌陷防治工程施工方案应进行专家评审论证。

4.5 采空塌陷防治工程施工前,必须按基本建设程序进行采空塌陷工程地质专项勘察和设计,具备完整的勘察设计资料,勘察设计成果满足施工要求。

4.6 施工前建设单位或监理单位应组织设计、施工等相关单位进行设计交底和图纸会审,熟悉工程图纸,明确设计意图,提出施工技术要求及施工注意事项。

4.7 临时设施需满足施工要求,如临时施工道路、临建设施、供水供电等。

4.8 临建设施应避开可能发生地质灾害的影响区域,防止施工期产生次生灾害。

4.9 施工过程中应同步开展施工地质工作,记录及追踪施工过程中的相关地质条件变化情况。当出现地质条件与勘查、设计不符时,应及时反馈给设计方。对于特别重大的地质条件变化,应由建设单位组织项目勘察、设计、施工及监理等相关单位共同协商制订解决方案。

4.10 施工过程中应根据采空塌陷防治工程施工的难度,合理划分施工区段及施工顺序。根据气候条件,合理安排施工季节。

4.11 施工过程中应进行施工监测,掌握采空塌陷的稳定情况及变形特征,做好监测记录。当出现变形加剧时,必须采取应急措施并及时会同有关单位妥善解决。

4.12 应制订详细的施工质量保证措施,掌握质量控制的重点及难点,确保工程质量符合设计和验收要求。

4.13 应制订详细的安全保证措施,识别危险源,掌握保证安全的要点,确保施工人员及周围居民和设施的安全。

4.14 按照信息法施工要求,根据施工情况及时反馈设计,并根据施工地质和监测数据对设计和施工方案及时调整,所有变更应得到设计和监理的认可。

4.15 施工过程中应确保治理的采空塌陷区的稳定,不得因治理施工降低采空塌陷区的稳定性。

4.16 施工期应有防灾预案,做好防灾预演,以确保突发灾情时能减少人员伤亡和财产损失。

4.17 施工完成后施工单位应进行施工质量自检,在此基础上应由建设单位组织具备资质的第三方检测单位对工程质量进行检验检测,对工程进行验收。

5 施工准备

5.1 施工技术准备工作内容

5.1.1 施工单位应组建项目管理机构,选定以项目经理和项目总工程师为核心的项目管理班子,设置项目管理部门,分工明确,权责清晰。

5.1.2 施工单位应搜集勘查设计及监测资料,收集当地水文气象资料,以及治理区的地表径流资料等。

5.1.3 施工单位应安排项目管理人员进行现场踏勘,了解采空区塌陷的现状,明确治理工程范围。

5.1.4 调查施工现场条件,如施工场地上和地下障碍物情况,周围建筑物的坚固程度,交通运输、水电状况,与工程实施相关的主要建筑材料、设备及特种物质在当地的生产与供应情况。

5.1.5 施工单位应组织专业技术人员熟悉施工图纸,参加技术交底和图纸会审,明确设计意图和设计要点,形成图纸会审及技术交底记录。

5.1.6 施工单位在熟悉勘查和设计文件、了解施工现场条件的基础上,科学合理地选择施工工艺,有针对性地编制施工组织设计。

5.1.7 建设单位应组织办理测量基准点的移交,测量基准点一般不少于3个。施工单位应对移交的测量基准点进行复核测量,经复核满足工程测量精度要求时,方可作为施工放线的基准点。

5.1.8 施工单位应按工程测量要求布设测量控制网点,测量控制网点应能控制整个施工区域,并设固定标识妥善保护,施工中应经常复测。

5.1.9 施工单位应完善开工前的报批手续,准备施工技术资料,须在取得监理单位认可后开工。

5.2 施工场地准备工作内容

5.2.1 施工前按现场平面布置图的要求规划临时设施占地,进行临时征地及青苗赔偿。

5.2.2 施工场地临时设施建设,包括做好"三通一平"工作,建设注浆泵站、规划布置生活区及办公区等工作,并应符合下列要求:

- a) 施工材料堆放及加工场地、注浆泵站应尽量靠近治理工程区,应做好临时排水措施,场地宜硬化处理。
- b) 应保证施工用水、用电,采用工业用电时应有备用电源,施工水质水量应满足施工及相关规范的要求。
- c) 临时用电应进行设备总需容量计算,变压器容量能满足生产用电负荷要求,临时用电的布置须执行《施工现场临时用电安全技术规范》(JGJ 46)的规定。
- d) 生活区、办公区宜分开,并应符合相关安全文明生产的要求。
- e) 临时道路线路布置应方便施工,路面宜硬化处理。道路的宽度、坡度、转弯半径等必须满足施工车辆及设备行驶要求。路堑或路堤边坡应进行必要的支挡。
- f) 对存在弃土的施工项目,应对弃土场地进行调查,弃土边坡应保持稳定,并不得损坏周边环境,弃土坡脚宜设置挡土墙。

5.2.3 所有进场设备应专门验收。设备性能应能满足施工要求,并处于良好的工作状态。应做好施工设备安装、调试等准备工作。

5.2.4 应组织适量的施工材料进场。施工材料应满足设计及施工质量要求,所有进场材料必须有出厂合格证,必须见证取样,检验合格后才能使用。

5.3 施工组织设计编制依据

5.3.1 与防治工程有关的法律、法规和文件。

5.3.2 国家现行有关标准和技术经济指标。

5.3.3 计划文件,包括国家批准的建设计划文件、防治工程项目情况、工程所在地区行政主管部门的批准文件、建设单位对施工的要求等。

5.3.4 工程施工合同或招投标文件。

5.3.5 工程技术文件,包括采空塌陷勘察报告、设计文件、施工图纸、会审记录、施工现场的地形图测量控制网等。

5.3.6 工程施工范围内的现场条件,工程地质及水文地质、气象等自然条件。

5.3.7 与工程有关的资源供应情况。

5.3.8 施工单位的生产能力、机具设备状况、技术水平等。

5.3.9 工程预算中的分部、分项工程量等。

5.3.10 与工程有关的新技术、新工艺和类似工程的经验资料。

5.4 施工组织设计编制内容和方法

5.4.1 施工组织设计的内容应包括编制依据、工程概况、施工部署、施工进度计划、施工准备与资源配置计划、主要施工方法、施工现场平面布置及主要施工质量、安全进度管理计划和应急预案等内容。

5.4.2 根据工程量、工期要求,材料、构件、机具和劳动力的供应情况,结合现场情况拟定施工方案,编制计划网络图。

5.4.3 施工方法应根据各分部、分项工程的特点选择,注重于施工的机械化、专业化。对新技术、新材料和新工艺,尚应说明其工艺流程。明确保证工程质量和安全的技术措施。

5.4.4 应在满足工期要求的情况下,确定施工顺序,划分施工项目和流水作业段,计算工程量,确定施工项目的作业时间,组织各施工项目间的衔接关系,编制进度图表。

5.4.5 施工组织设计中应对各项资源需要量进行计划,包括材料、构件和加工半成品、劳动力、机械设备等,编制资源需要量计划表。

5.4.6 施工平面图应标明工程所需的施工机械、加工场地、材料等的堆放场地和水电管网与公路运输、防火设施等合理布置。

5.4.7 根据工程特点和工期,制订保证工程质量、安全、进度、雨季施工等切实可行的具体措施。

5.4.8 为便于工程的实施,应在施工组织设计中提出临时设施计划,包括工地临时房屋、临时供水、临时供电等设施。

5.4.9 对于采空塌陷地质条件复杂地段,在施工组织设计中可根据采空塌陷勘察报告、设计及现场调查情况,提出可能出现的故障情况,并提出解决措施。

5.4.10 对于稳定性差的采空塌陷在施工期间可能发生地面塌陷、变形加剧等紧急险情,应编制抢险预案。

6 灌注充填法

6.1 一般规定

6.1.1 地面灌注充填法适用于所有类型采空塌陷区的防治工程。

6.1.2 灌注充填法施工时,应根据采空区的埋深、覆岩厚度及其完整性、冒落带和裂隙带的发育程度、裂隙的连通性等特征,选择合适的成孔和注浆施工工艺。

6.1.3 采用区注浆(骨料)法施工时,在技术可行的前提下,宜优先考虑利用工程所在地广泛分布存在的注浆材料,降低工程造价。

6.1.4 单层采空区可采用全孔一次性注浆,当地质条件复杂、地层破碎时亦可采用下行式注浆或分段上行式注浆;多层采空区可采用下行式注浆或分段上行式注浆。

6.1.5 采空区注浆站的数量及制浆能力、注浆站的平面位置应根据工程项目的现场实际情况、工程规模及工期要求确定。

6.2 现场试验

6.2.1 采用地面灌注充填法进行采空塌陷区治理时,应进行现场试验。试验内容包括注浆材料、注浆浆液配合比、浆液性能及现场注浆(骨料)充填施工试验。

6.2.2 施工现场应在注浆站附近设立试验室。试验室应具备试块养生池、试验工作台和各种浆液性能、试块性能测试仪器。

6.2.3 在施工开始前,应在现场试验室根据设计文件进行注浆材料、浆液配比试验,测试设计文件要求有配比浆液的每方浆液中干料的含量、浆液密度、黏度、结石率、初终凝时间及试块强度等指标,以保证各项指标满足设计要求。

6.2.4 施工过程中,应按设计文件规定频次测试浆液和结石体的上述参数。

6.2.5 浆液试块应选择 70.7 mm×70.7 mm×70.7 mm 模具成型,宜参考采空区实际情况进行养护。采空区无水时,应在采空区的温度及无水条件下进行养护,脱模后,1~2 天洒水 1 次,使其保持湿润。采空区充水时,试块应在采空区温度和养护池中养护。

6.2.6 正式注浆施工前,应选择有代表性的区域进行现场注浆施工试验,其内容包括钻探成孔工艺、浇注孔口管工艺、浆液的配比、施工设备、注浆施工工艺等,为设计单位对设计参数及施工工艺进行优化提供依据。

6.3 注浆(骨料)材料及浆液性能要求

6.3.1 注浆充填材料应无污染,且黏结性、耐久性,浆液结石体强度应满足设计要求。

6.3.2 采空塌陷注浆宜采用水泥、粉煤灰、黏土、砂子、石屑等材料。注浆材料的规格要求应符合表1的规定。施工时,根据设计要求选用。

表 1 注浆材料规格

序号	原料	规格要求
1	水	应符合《混凝土用水标准》(JGJ 63)要求
2	水泥	强度等级不低于32.5级,普通硅酸盐水泥,质量符合标准,不得受潮结块
3	粉煤灰	应符合国家二级、三级质量标准
4	黏性土	塑性指数不宜小于10,含砂量不宜大于3%
5	砂	天然砂或人工砂,粒径不宜大于2.5 mm,有机物含量不宜大于3%
6	石屑或矿渣	最大粒径不宜大于10 mm,有机物含量不宜大于3%
7	水玻璃	模数2.4~3.4,浓度50°Be′以上

6.3.3 注浆浆液性能应满足设计要求的浆液密度、流动度、稳定性、初终凝时间、结石率及结石体抗压强度等多种性能要求。浆液搅拌均匀制浆完成后方可进行测定。

6.3.4 施工过程中,应按设计规定频次测定各项性能指标,以确保工程质量。

6.4 注浆施工设备要求

6.4.1 采空区地面注浆采用的设备有钻机、注浆泵、搅拌机、测斜仪、止浆塞、压力表、流量计、输浆（水）管等。

6.4.2 钻机选型应根据采空区的岩层结构、岩性、注浆孔或帷幕孔的结构、止浆技术等要求进行选择。一般情况宜选择回转式地质钻机，一方面可根据取芯情况调整注浆设计，另一方面防止钻探过程中大量岩粉进入岩层空隙和裂隙，影响注浆。

6.4.3 注浆泵应根据设计文件中的注浆压力和注浆泵量进行选型，宜选择压力、流量可调节的泵。每个浆站注浆泵数量不应少于2台，最大排浆量应满足采空区注浆和施工需要，最大泵压应大于注浆最大设计压力的1.5倍，不宜小于4 MPa。

6.4.4 搅拌机应按设计文件中注浆量的要求，一般选择立式水泥浆搅拌机，搅拌机的转速应与所搅拌浆液类型相适应，搅拌能力与注浆泵的最大排量相适应。

6.4.5 钻孔测斜仪用来测量钻孔倾斜度，其精度应满足设计文件要求。

6.4.6 止浆设备应可靠、简单、方便，具有良好的膨胀和耐压性能，易于安装和拆卸。采空区注浆中常选用法兰盘止浆器，直径大小与注浆孔孔径一致。

6.4.7 压力表用来测量注浆压力，一般选用抗震压力表，其最大量程应为注浆压力的1.5倍。注浆泵及孔口处压力宜在压力表最大标值的1/4～3/4之间。压力表应进行标定，压力表与管路之间设有隔浆装置。

6.4.8 流量计选型遵循简单、操作方便、计量可靠的原则，其测量范围及精度应满足注浆设计要求，一般可显示瞬时流量和累计流量。

6.4.9 输浆（水）管可选择无缝钢管、有缝钢管或高压胶管，一般情况下输浆管选择无缝钢管，输水管选择编制胶管或高压胶管；注浆管应采用无缝钢管。管路应能承受最大设计注浆压力的1.5～2.0倍，不宜变径，在弯曲处不得变径，以防造成堵塞；接头应具有良好的密封性并便于拆卸，接头处和注浆管外径应相同。管路宜少设置弯头，设备及管路排列紧凑，便于操作和管理。

6.5 注浆站要求

6.5.1 采空塌陷注浆工程应采用集中注浆站制浆，注浆站应设在工程区的中部。对于规模较大的采空塌陷区，可分区建设注浆站，每个注浆站与最远注浆孔间距不宜大于300 m。注浆站的制浆能力应满足注浆高峰期各注浆孔的用浆要求。

6.5.2 注浆站的平面和立面布置可参照图1和图2。

6.5.3 注浆工程所用水、电等应设置专业管路和线路，且应满足施工需要。

6.5.4 注浆站应设置排水沟排放废水，废水排放应符合环保要求。

6.5.5 水泥粉煤灰浆液必须进行两级搅拌，一级、二级搅拌池之间应有高差，便于放浆、过滤杂物，放浆门应启闭方便，不易堵塞，不宜采用闸阀开关。

6.6 制浆技术要求

6.6.1 制浆材料必须按设计规定的浆液配比计量。水泥等固相材料的计量方式采用质量称量法，水采用体积法，计量误差应满足设计要求。

6.6.2 制浆材料用量可根据设计要求配合比按附录A计算。

6.6.3 加料顺序应为先加入水，在搅拌情况下依次加入水泥、粉煤灰等固相材料，搅拌均匀后，根据

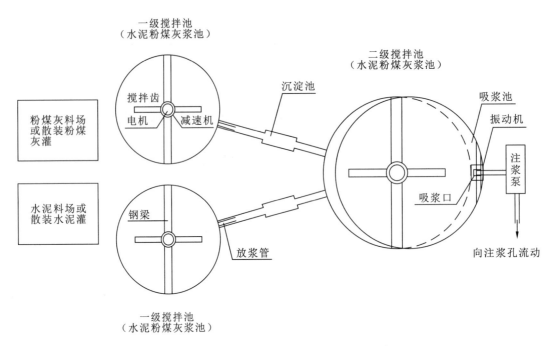

图 1 注浆站水泥粉煤灰制浆池平面示意图

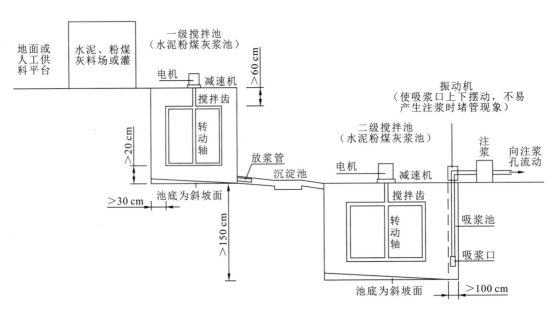

图 2 注浆站水泥粉煤灰制浆池立面示意图

注浆情况,按设计要求加入外加剂。

6.6.4 浆液搅拌时间控制以分散、拌匀注浆材料,获得流动性与稳定性合格的稳定浆液为原则。一般情况下,当转速为 60 转/min～80 转/min 时,搅拌时间不小于 6 min。当采用高速搅拌机时,搅拌时间按《水工建筑物水泥注浆施工技术规范》(DL/T 5148)执行。

6.6.5 制浆采用两级搅拌,一级搅拌完成后,浆液通过筛网过滤进入二级搅拌池。浆液从开始制备至用完的时间不应超过 4 h。

6.6.6 制浆工艺可参考图 3。

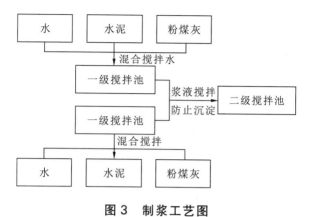

图 3　制浆工艺图

6.7　钻孔施工技术要求

6.7.1 钻孔施工工艺流程：钻孔定位→钻机安装→技术指标校正→钻探→测孔斜→裂隙冲洗→终孔报验→提交钻探成果资料。

6.7.2 施工前应根据现场环境、地形地势、地下埋设物等情况，采用经纬仪或全站仪等测量仪器按照工程设计孔位坐标实地放样注浆钻孔孔位；钻孔实际孔位与设计孔位的偏差应小于设计注浆钻孔间距的 0.1 倍，且不大于 1.0 m，特殊孔位应遵循设计要求。

6.7.3 钻机宜采用回转钻机，也可采用冲击式或回转冲击式钻机。采用冲击式钻进时，应加强钻孔裂隙的冲洗。检查钻孔施工必须采用回转式取芯率高的钻机。

6.7.4 安装钻机步骤为平整场地，安装钻机，调平机架、机体，准备钻具，备好中套管、钻头以及钻杆、岩芯管等设备。

6.7.5 钻孔孔径开孔可采用 Φ130 mm～150 mm 钻头开孔，钻至稳定基岩 5.0 m～8.0 m 后，下套管，变径后的钻孔终孔孔径不得小于 91 mm。

6.7.6 终孔标准为钻至煤层底板或采空区底板 1.0 m。在成孔过程中，遇岩体破碎钻进困难时，宜采用预注浆再钻进的施工方法。

6.7.7 在钻进过程中，第四系松散层中采用泥浆护壁；在基岩中应采用清水钻井。整个钻进过程应做好钻孔原始记录及岩芯编录工作。详细记录漏水、吸风、掉钻、塌孔、埋钻等现象，以及出现深度、层位和耗水量及采空区充水的变化，为采空区的导水裂缝带、垮落带发育的判断提供依据。所有芯样排放有序整齐，装箱后拍照记录，每个钻孔应提供现场钻探记录、地质编录表、钻孔柱状图和取芯孔的岩芯照片。

6.7.8 钻孔孔斜应满足设计要求，钻进过程中可采用钻铤或其他导向装置，防止孔斜偏大。按设计要求的频次进行孔斜测量，当孔斜超过设计要求时，应及时纠正。

6.7.9 当钻孔施工作业暂时中止及钻孔终孔未注浆前，孔口应加盖保护。

6.7.10 钻孔施工顺序应符合下列要求：
  a) 一般先施工边缘帷幕孔，后施工中间注浆孔，形成有效的止浆帷幕，阻挡浆液外流。对存在采空区积水的场地，帷幕孔的布设应满足注浆挤压排水要求。
  b) 钻孔应分序次间隔进行，宜分 2～3 个序次成孔，一序次孔对采空塌陷可以起到补勘的作用，根据实际地层、采空特征及塌陷情况对后序孔的孔位、孔距、孔数进行适当调整，弥补均匀布孔设计的不足。

c) 倾斜煤层采空塌陷应先沿倾向施工深部采空塌陷边缘孔,采取从深至浅的施工顺序。

6.8 止浆技术要求

6.8.1 对于单层采空区,注浆钻孔止浆可一次完成,可采用法兰盘、套管或止浆塞等方法止浆。工程中多采用法兰盘法止浆。法兰盘止浆法采用直径不小于 $\Phi 50$ mm 的注浆管,在下段 3 m 处焊接直径与开孔孔径相接近的法兰盘,下入注浆孔变径处,孔内放入少量黏土碎石,将法兰盘与孔壁之间的空隙封堵,后灌入 1∶1.5 或 1∶2 的水泥浆将注浆管与孔壁胶结在一起。

6.8.2 对于多层采空区,下行式注浆宜选用套管止浆,上行式注浆宜选用止浆塞止浆。工程中多为下行式分段注浆。其方法是:开孔孔径进入稳定基岩 8 m,灌注 1∶2 的水泥浆(加水玻璃),接着下入孔口管,待水泥终凝或 24 h 后再变径钻至第一个煤层采空区设计深度,在孔口管上安装注浆用的三通管进行注浆。注浆结束后,待水泥终凝后扫孔至第二个注浆段深度,仍用三通管注浆直至结束。重复以上步骤,直至最下一层采空区。

6.9 洗孔与压水试验技术要求

6.9.1 采用全孔一次注浆法和上行式注浆法时,可在注浆前全孔进行一次空隙、裂隙冲洗;采用下行式分段注浆法时,每段注浆前应采用压力水进行空隙、裂隙冲洗。

6.9.2 冲洗压力宜为注浆压力的 80%,且不大于 1 MPa,冲洗时间为 5 min～10 min。漏水量大于 100 L/min 时,可停止冲洗。

6.9.3 存在钻孔岩层遇水易软化或钻进过程漏浆严重钻孔不宜进行压水冲洗。

6.9.4 结束压水是在注浆孔达到结束标准、准备起拔套管前,防止堵管和提管后的喷浆而进行的工序。宜压入注浆管路容积 1～2 倍的水量。压水困难时应先关闭孔口阀门,冲洗输浆管路,待孔内压力消失后方可打开。

6.10 浆液(骨料)灌注技术要求

6.10.1 注浆施工工艺流程为:制浆→浆液性能指标检测→泵送灌注(或添加骨料)→泵量、孔口压力定时观察记录→满足单孔结束标准→关闭孔口阀,拆洗注浆管路→封孔→终孔报验→提交灌注成果资料;灌注过程中对注浆泵压、孔口压力、吸浆量、浆液浓度等应进行全程监视,并应每 1 h～2 h 记录 1 次。

6.10.2 注浆孔是否进行注骨料取决于采空塌陷区内空洞情况,当钻进过程出现下列情况时,应在注浆的同时进行骨料充填:
a) 钻孔过程出现 0.5 m 以上掉钻或裂隙发育。
b) 采空区存在动水条件时,浆液被流水冲走不能在孔内有效堆积时。

6.10.3 对掉钻大于 1 m 的钻孔,宜先注入粗骨料,后注入浓浆,并采取添加速凝剂、间歇注浆等措施,速凝剂掺量为水泥质量的 3%～5%。

6.10.4 当采空区充水时,应根据地下水条件按下列要求进行处理:
a) 在动水条件时,浆液被流水冲走不能在孔内有效堆积时,可采取灌注粗骨料或采用低压浓浆灌注、添加速凝剂、间歇灌注及疏排水等措施保障灌注效果,并对治理方案进行专项论证。
b) 在静水条件时,浆液可以堆积,但扩散较远时,可采取低压浓浆、添加速凝剂或间歇灌注等措施保障灌注效果。

6.10.5 充水采空区采用注浆法进行处理时,注浆管底端应贴近采空区积水底部,宜采用低压浓浆灌注。

6.10.6 注骨料施工技术要求:

a) 通常可选用的骨料有砂、砾石、矿渣、碎石、砖块等。施工中,可根据工程所在地具体情况选择来源广泛、价格低廉的材料。

b) 骨料与浆液可采用孔内混合与孔外搅拌混合两种施工工艺。对于场地条件较好,可采用骨料在孔口加入,在浆液作用下孔内混合灌入;对于地形起伏大、施工条件差且存在大量空洞的采空塌陷,宜采用孔外搅拌的施工工艺,浆液与骨料膏状混合物可采用泵送的方式进行输送。

c) 浆液与骨料混合物的强度指标应符合设计要求。

6.10.7 灌注施工顺序应符合下列要求:

a) 灌注施工顺序应防止浆液无序扩散,遵循"分序间隔灌注"的原则。

b) 灌注应间隔式分序次进行,一序次孔浆液可能扩散范围较大,二、三序次孔注浆将使前序次未充填的空洞得到充填。

6.10.8 当注浆量达到设计注浆量的10%～20%或者注浆时间已达2 h,而注浆压力和单位吸浆量均无明显改变,应调浓一级或两级灌浆并采取间歇灌注。

6.10.9 当单孔灌注量达到设计平均单孔灌注量的0.8～1.2倍,灌注压力和单位吸浆量均无明显改变,或单位吸浆量大于250 L/min时,应在分析原因的基础上采用低压浓浆灌注、添加速凝剂、间歇灌注及疏排水等措施保障灌注效果。

6.10.10 灌注过程中发生冒浆、串浆时,应采用低压、浓浆、小泵量、间歇灌注等方法进行处理。

6.10.11 对于注浆特别异常、情况特殊的注浆钻孔,如单孔注浆量超过3倍设计平均单孔灌注量时,应由建设、设计、监理及施工单位共同协商处理方案,并对处理方案进行必要论证。

6.10.12 其余特殊情况处理遵循《采空区公路设计与施工技术细则》(JTG/TD 31)相关规定。

6.10.13 处理采空区邻近正在使用的地下井巷时,应在井巷内砌筑止浆墙。

6.11 注浆结束与封孔要求

6.11.1 注浆结束标准:在设计规定的结束压力下,当单位注浆压力小于50 L/min,并稳定10 min～15 min时,注浆终止。

6.11.2 注浆过程中若出现地表裂隙大量跑浆,应采取间歇注浆工艺,当达到6.11.1条时,注浆结束。

6.11.3 全孔注浆结束后起拔止浆设施,应用浓水泥浆从孔口灌入孔内,浆液达到孔口后封孔结束。

6.12 工程竣工资料要求

注浆工程竣工资料除应符合现行国家施工竣工资料相关要求外,注浆施工用表宜符合规范附录B的规定。

7 其他防治方法

7.1 开挖回填法

7.1.1 开挖回填法适用于采空区埋深小于20 m、不规则开采且无重复开采的采空塌陷区。

7.1.2 依据设计文件编制施工组织设计。对埋深超过 6 m 且地质条件复杂的采空塌陷区,应组织专家对开挖回填方案进行论证,施工方案中应含施工安全专项内容;对于埋深小于 6 m 或地质条件简单的采空塌陷区开挖回填方案可由施工单位技术负责人审核并报监理单位审批后实施。

7.1.3 施工前应熟悉勘察文件与设计文件,严格按照设计文件施工,不得更改采空塌陷区治理范围与放坡范围。由于采空区的存在与其埋藏情况的不确定性给人员及设备安全造成严重的隐患,开挖中应派专人对采空区进行调查与管理。开挖前应明确采空区分布位置,开挖设备和施工人员不得在采空区上方作业。

7.1.4 开挖方法应按设计文件要求自上而下分层分段进行,逐级向侧翼扩展。应结合开挖中了解的实际信息,为后续开挖的安全施工提供指导。

7.1.5 开挖中对已经暴露或查明的采空区应及时进行处理,未来得及处理的必须划定警戒区域,并设置醒目的安全标志及栏杆。严格执行巡回检查制度及请示报告制度,发现井口、洞口、冒烟、坍塌、透水、地面裂缝、下沉、地表变松软或设备闪动等迹象时,应及时组织附近人员与设备撤离,采取措施后再进行施工。

7.1.6 在施工的全过程中,应派专人检查边坡的稳定性情况,密切关注有无坡顶的裂缝、坡底的隆起或坡面的变化等滑坡的前兆。严格执行巡回检查制度及请示报告制度。即将发生的滑坡影响到人员安全时,应立即将人员撤到安全地带,并及时采取措施处理。

7.1.7 开挖后形成的不稳定坡体影响到施工或生命财产安全时,应及时进行临时性加固。在支护段内开挖应对支护结构进行保护,严禁超挖。开挖边坡坡度应符合设计要求。开挖的过程中,发现岩土工程特性与设计不符、岩土层软弱结构面外倾时,应及时反馈给设计方,防止土(岩)体滑坡。

7.1.8 在开挖中,有滑坡、顶板塌陷、易燃易爆或有害气体泄露及火灾等影响安全生产的因素存在,施工中应遵循"有挖必探,先探后挖"的工作原则。不得在已探明的高温、高气体浓度的危险区域采用挖掘机直接采挖的作业方式。开挖作业邻近采空区或揭露采空区时,使用的机械设备应具备防爆功能。

7.1.9 在开挖过程中,应派专人持有相关检测设备对工作面进行有害气体测定,在确保安全的前提下,方可进行开挖作业。易燃易爆或有害气体达到相关规范要求的数值上限时,该工作面附近 30 m 内应停工撤离,在有害气体自然消散或采取措施后,再进行施工。

7.1.10 采空区内的残留矿体在开挖揭露后很容易自燃,为确保施工安全,杜绝火灾事故,可采取以下 3 种方式。

a) 洒水法:利用施工场地内部防排水系统所汇集的水作为消防水源,设立泵站并在场地内建立一套送水网路,用消防水枪向火区喷洒注水或钻孔注水,也可采用大型洒水车直接把水喷洒到火区,使火区降温而熄灭。

b) 覆盖法:采用自卸车或铲车装运细沙或黄土覆盖在火区上,使火区隔离氧气而熄灭。

c) 隔离法:火势较大、燃烧速度较快时,先挖设隔离带,阻滞火势进一步蔓延,然后在火区采用上述两种方式将火区熄灭。

7.1.11 开挖弃土严禁在基坑边坡坡顶周边堆放,堆放点距坡顶边缘的距离应大于 1.5 倍开挖深度。弃土宜按土、石方分类堆放,弃土堆放高度及填土边坡坡比应符合《露天煤矿岩土工程勘察规范》(GB 50778)规定。在斜坡地带开挖时,开挖边坡上坡向一侧严禁堆放弃土。

7.1.12 弃土堆放场地应选择远离村庄和河岸、水体地带,应有临时防尘措施并保持弃土场地的排水畅通,不得污染环境。

7.1.13 开挖施工区域内应作好临时排水系统规划,开挖应处于干燥状态作业。采空区开挖后巷道内有水、淤泥或废渣的,应将水排干,清除淤泥及废渣后再进行回填施工。

7.1.14 在开挖后形成的不稳定坡体等危险地段施工时,应设置安全护栏和明显警示标志。夜间施工时,现场照明条件应满足施工需要。需维修保养的设备不得停留在采空区治理区域及其影响区域内。

7.1.15 采用爆破方式开挖施工时,爆破品及工作的安全管理应符合安全管理部门对危险品的管理规定。

7.1.16 采空区开挖回填后作为建(构)筑物场地使用的,在开挖至矿体底板后,应组织上部建(构)筑物基础的设计、勘察及监理等相关人员到场验槽,确定最终开挖深度。

7.1.17 对于大规模开挖或残留矿柱回收,开拓施工、排矸施工、疏排水施工、边坡支护施工还应符合《露天煤矿工程质量验收规范》(GB 50175)与《土方与爆破工程施工及验收规范》(GB 50201)的相关要求。

7.1.18 回填材料的选用应因地制宜,满足环境保护要求,优先选用开挖的土石。亦可选用砂石、粉质黏土、灰土、粉煤灰及其他工业废渣等,并需严格控制回填材料的质量等级,满足设计要求。

7.1.19 回填施工,应按细一粗韵律间隔搭配回填,回填压实分两种方式进行:
   a) 采用机械碾压压实。碾压设备宜采用重型机具,分层铺填厚度,黏性土及灰土铺填厚度宜小于 50 cm,碎块石铺填厚度宜小于 80 cm,宜振动碾压压实。大型机械无法施工的边坡修整和场地边角可采用小型机具配合进行,但应降低铺填厚度。
   b) 采用强夯压实。铺填厚度应结合强夯能量确定。

7.1.20 回填施工至基底附加应力影响范围时,黏性土及灰土铺填厚度应小于 30 cm,碎块石铺填厚度应小于 50 cm。

7.1.21 回填料压实度应满足设计要求。黏性土、灰土回填材料施工含水量宜控制在最优含水量($W_{op} \pm 2\%$)的范围内。最优含水量可通过击实试验确定。

7.1.22 回填施工时应注意基坑排水,不得在浸水条件下施工。

7.1.23 回填施工质量应符合《建筑地基基础工程施工质量验收规范》(GB 50202)、《建筑地基处理技术规范》(JGJ 79)及其他国家相关规范执行。

7.2 砌筑支撑法

7.2.1 砌筑支撑法适用于非充分采动、采空区顶板未完全垮落、空洞大、通风良好且具备人工作业和材料运输条件的采空区处理。

7.2.2 砌筑施工作业环境条件必须符合国家安全生产的有关规定,施工中应加强通风安全,确保施工人员人身安全。

7.2.3 施工准备阶段应核实采空区位置、范围等采空塌陷区基础资料,做好各项准备工作。

7.2.4 砌筑体位置及尺寸应满足设计要求,测量放样后应对支撑位置及范围进行标示。

7.2.5 砌筑材料的选用应符合环境保护要求,其规格、质量等级应满足设计要求。砌筑材料应均匀、不易风化、无裂纹,强度的测定应符合现行国家标准《工程岩体试验方法标准》(GB/T 50266)要求。水泥、砂、水等材料的质量标准应符合现行国家标准《砌体结构设计规范》(GB 50003)的要求。

7.2.6 砌筑砂浆,应按设计要求对砌筑砂浆的种类、强度等级、性能及使用部位核对后使用,砂浆性能应符合现行行业标准《砌筑砂浆配合比设计规程》(JGJ/T 98)的要求。

7.2.7 砌筑施工中,所用砌筑砂浆宜选用预拌砂浆。当采用现场拌制时,应按砌筑砂浆设计配合比配制。对非烧结类块材,宜采用配套的专用砂浆。不同种类的砌筑砂浆不得混合使用。

7.2.8 砌筑法施工时应首先清除顶板的危岩及垮落堆积物,以保证接顶牢固。

7.2.9 干砌体应从里到外分段分层施工,宜以 2 m～3 m 作为一个施工段,并宜以 2 层～3 层砌块构成一组构件层。每一工作层的水平缝大致找平。各构件层竖缝应相互错开,不得贯通,砌缝宽度不应大于 40 mm。转角石和外圈定位行列,应选择形状规则、较大尺寸的砌材,宜长短相间与里层砌材相互咬接。

7.2.10 浆砌体宜采用铺浆法砌筑。砌块在使用前必须浇水湿润,表面如有泥土、水锈,应清洗干净。采空区基底砌筑时,应先将基底表面清洗、湿润,再坐浆砌筑。砌筑砂浆应饱满,叠砌面的黏灰面积应大于 80%。砌体应分层砌筑。砌体较长时可分段分层砌筑,两相邻工作段的砌筑差不宜超过 1.2 m。砌体组砌应上下错缝,内外搭砌;组砌方式宜采用一顺一丁、梅花丁、三顺一丁。砌体的转角处和交接处应同时砌筑。对不能同时砌筑而又需留置的临时间断处,应砌成斜槎。砌筑工作中断后恢复砌筑时,已砌筑的砌层表面应加以清扫和湿润。砌体砌筑施工应符合现行国家标准《砌体结构设计规范》(GB 50003)的要求。

7.3 桩基穿(跨)越法

7.3.1 桩基穿(跨)越法适用于采空区地表移动衰退期结束,且变形值符合《煤矿采空区建(构)筑物地基处理规范》(GB 51180)的规定,采空区埋深不宜大于 40 m 的采空塌陷区治理。

7.3.2 桩基穿(跨)越法施工前应对采空塌陷区进行桩基穿(跨)越的调查核实,确认桩基穿(跨)越方案是否可行,组织图纸会审,会审纪要连同施工图等应作为施工依据,并应列入工程档案。施工前应具备下列资料:
   a) 应查明采空区覆岩(土)特性、"三带"发育程度、断裂带的贯通性、采空高度、产状、空洞填充以及充水情况、地下水埋藏情况、类型和水位变幅等。
   b) 场地内地下管线、地下构造物、高压架空线等的调查资料。
   c) 相邻采空区场地类似工程的现场载荷试验资料、设计和施工工艺参数。
   d) 主要施工机械设备的技术性能,施工工艺对已探明采空区条件的适宜性。

7.3.3 机械设备及施工工艺的选择,应根据桩型、采空底板深度、采空塌陷区"三带"发育特征、顶板垮落、冒落物压密程度、充水情况、有毒有害气体赋存状况、护壁措施、泥浆排放及处置等综合因素确定。

7.3.4 桩基穿(跨)越施工用的供水、供电、道路、排水、临时房屋等临时设施,必须在开工前准备就绪,施工场地应进行平整处理,保证施工机械正常作业。

7.3.5 基桩轴线的控制点和水准点应设在不受施工影响的地方。开工前,经复核后应妥善保护,施工中应经常复测。桩基穿(跨)越位置及尺寸应满足设计要求,测量放样后应对加固位置及范围标示清楚。

7.3.6 用于施工质量检验的仪表、器具的性能指标应符合现行国家相关标准的规定。

7.3.7 对重要工程,应在代表性地段选择试验区进行现场试桩或试验性施工,并进行现场测试和检测,以检验并验证设计参数及施工组织设计中施工机具、成桩工艺的有效性和适宜性。对于试验出现异常情况时,应分析产生问题的原因,及时修改设计参数、优化设计或调整施工工艺。

7.3.8 根据采空塌陷区采深厚比、地下水位及覆岩裂隙发育特征,并结合当地工程经验,桩基穿(跨)越法宜选用的桩型包括:
   a) 地下水位以下的桩型,可选用泥浆护壁钻孔灌注桩、旋挖成孔灌注桩、冲孔灌注桩。
   b) 地下水位以上的桩型,可选用干作业钻、挖成孔灌注桩。
   c) 在地下水位较高,有承压水的砂土层、滞水层,厚度较大的流塑状淤泥、淤泥质土层,采空塌陷区顶板完整性差、塌落较严重、孔壁不稳时,不得选用人工挖孔灌注桩。

7.3.9 当采用钻、冲、挖掘作业成孔时,必须确保桩端进入底板持力层的设计深度;灌注桩成孔施工允许偏差,应满足表 2 的规定要求。

表 2 灌注桩成孔施工允许偏差

成孔方法		桩径允许偏差/mm	垂直度允许偏差/%	桩位允许偏差/mm	
				条形基础沿垂直轴线方向和群桩基础中的边桩	条形基础沿轴线方向和群桩基础中的中间桩
泥浆护壁钻、挖、冲孔桩	$d \leqslant 1\,000$ mm	±50	1	$d/6$ 且不大于 100	$d/6$ 且不大于 150
	$d > 1\,000$ mm	±50	1	$100+0.01H_p$	$150+0.01H_p$
人工挖孔桩	混凝土护壁	±50	0.5	50	150
	全钢套管跟进护壁	±50	1	100	200
注1:桩径允许偏差的负值仅为个别断面。					
注2:H_p 为桩顶设计标高与施工现场地面标高的距离;d 为设计桩径。					

7.3.10 钻进过程中揭露采空塌陷区顶板时,应根据采空区发育特点,确定适宜的钻进方法和钻具。钻进过程钻杆应保持垂直稳固,位置准确,防止因钻杆晃动引起孔壁坍塌及孔径扩大,且应随时清理孔口积土。遇到地下水、塌孔、缩孔等异常情况时,应及时采用充填、封闭等堵漏措施钻进,当孔壁不稳、难以成孔时,可采用钢护筒跟进成孔;采空内无冒落物时,钻进可按采空大小及时埋设护壁套管。

7.3.11 对采空埋深较大的嵌岩端承桩宜采用反循环工艺成孔或清孔,也可根据采空塌陷区覆岩稳定性和垮落、裂隙发育程度采用正循环钻进、反循环清孔;不易塌孔的地层,可采用空气吸泥清孔。

7.3.12 对于泥浆护壁钻孔嵌岩端承桩,当成孔达到底板持力层设计深度,并在灌注混凝土之前,确保孔底 0.5 m 以内的泥浆相对密度小于 1.25;含砂率不得大于 8%;黏度不得大于 28 Pa·s;孔底沉渣厚度不应大于 50 mm。在采空塌陷区存在空洞、冒落物不密实及采空充水等特殊条件下,沉渣厚度达不到以上指标要求,应根据现场试桩资料,及时调整设计参数,必要时应采用后灌注工法施工。

7.3.13 采用冲击成孔时,应采取有效的技术措施防止扰动孔壁、塌孔、扩孔、卡钻和掉钻及泥浆流失等事故。

7.3.14 采用人工挖孔时,成桩的孔径(不含护壁)不得小于 0.8 m,且不宜大于 2.5 m;孔深不宜大于 30 m。混凝土护壁的厚度不应小于 100 mm,混凝土强度等级不应低于桩身混凝土强度等级,并应振捣密实;护壁应配置直径不小于 8 mm 的构造钢筋,竖向筋应上下搭接或拉接。当桩净距小于 2.5 m 时,应采用间隔开挖。相邻排桩跳挖的最小施工净距不得小于 4.5 m。

7.3.15 灌注桩身混凝土时,混凝土必须通过溜槽;当落距超过 3 m 时,应采用串筒,串筒末端距孔底高度不宜大于 2 m;也可采用导管泵送;混凝土宜采用插入式振捣器振实。

7.3.16 桩基穿越法采空塌陷区处理施工宜采用桩端桩侧复式灌注工艺。后灌注管阀的设置、技术性能以及浆液配比、终止灌注压力、流量、灌注量等设计和施工参数,应符合现行行业标准《建筑桩基技术规范》(JGJ 94)的规定。

7.3.17 采空塌陷区存在积水时,采用穿越法进行采空塌陷区处理水下混凝土的灌注应符合《建筑桩基技术规范》(JGJ 94)有关规定。

7.4 井下巷道加固法

7.4.1 井下巷道加固法适用于对于正在使用的生产、通风、运输巷道或废弃巷道的结构加固治理。

7.4.2 井下巷道加固施工作业环境条件必须符合国家安全生产的有关规定，施工中应加强通风安全，确保施工人员人身安全。

7.4.3 施工准备阶段应核实加固位置、范围等基础资料，并做好各项准备工作。

7.4.4 巷道加固工程施工，应采用双回路供电。特殊情况下拟采用一回路供电时必须在施工组织设计中加以明确并经批准，但必须采取措施，设置临时备用电源，其容量必须满足通风和撤出人员的需要。对于高瓦斯、煤(岩)与瓦斯突出及水患严重的矿井，必须采用双回路供电。

7.4.5 巷道加固工程施工材料选用应符合环境保护要求，其规格、质量等级应满足设计要求。

7.4.6 采用注浆加固施工时，注浆材料可按下列规定选用：

a) 注浆应采用普通硅酸盐水泥，强度等级不应小于PO 32.5，水玻璃模数宜为2.4～3.4。黏土塑性指数不宜小于10，黏粒(粒径小于0.005 mm)含量不宜低于25%，含砂量不宜大于5%，有机物含量不宜大于3%。

b) 水泥浆液的浓度可按表3选用。

表3 水泥浆液浓度

钻孔最大吸水量/(L/min)	浆液浓度(水∶水泥)
60～80	2∶1
80～150	1.5∶1
150～200	1.25∶1～1∶1
>200	1∶1

c) 水泥或水泥-水玻璃浆液注入量可按表4选用。

表4 浆液注入量

序号	每米钻孔单位时间的吸水量/(L/min)	浆液注入量/(m³/m)	浆液品种
1	2～4	1.0	单液
2	4～7	1.5	单液
3	7～10	2.0	双液
4	10～13	3.0	双液
5	13～16	4.0	双液
6	>16	5.0	双液

d) 采用水泥-水玻璃浆液时，水泥浆的浓度宜为1∶1～0.6∶1，水玻璃浓度宜为35～42Be′。水泥浆与水玻璃的体积比宜为1∶0.4～1∶1。

e) 水泥-水玻璃浆液的凝胶时间，可按表5选取，其配合比应经现场试验确定。

表5 水泥-水玻璃浆液的凝胶时间

地下水流速/(m/d)	浆液混合方式	凝胶时间/(min)
100	单管孔口	3～5
200	双管孔内	<3
>200	双管孔内	0.2～0.5

  f) 注浆的参数,可按下列规定选用：
    1) 浆液的有效扩散半径宜为 6 m～10 m。
    2) 注浆终孔压力应大于或等于静水压力的 2～4 倍。
    3) 注浆结束的标准为：当注浆量小于 30 L/min 及注浆压力达到终压时,稳定 10 min,可结束该孔的注浆工作。

7.4.7 采用锚杆加固施工时,应符合下列规定：
  a) 在裂隙发育或富含地下水的岩层中进行锚杆施工时,应对锚固段周边孔壁进行不透水性试验,当 0.2 MPa～0.4 MPa 压力作用 10 min 后,锚固段周边渗水率超过 0.01 m^3/min 时,应采用固结注浆或其他方法进行处理。
  b) 锚杆钻孔应符合下列规定：
    1) 锚杆钻孔不得扰动周围地层。
    2) 钻孔施工前,根据设计要求和地层条件,定出孔位、做出标记。
    3) 锚杆水平、垂直方向的孔距误差不应大于 100 mm。钻头直径不应小于设计钻孔直径 3 mm。
    4) 钻孔轴线的偏斜率不应大于锚杆长度的 2%。
    5) 锚杆钻孔深度不应小于设计长度,也不宜大于设计长度 500 mm。
    6) 锚杆杆体安装前,应将孔内岩粉和积水清理干净。
    7) 在不稳定地层中或地层受扰动导致水土流失围岩稳定性时,宜采用套管护壁钻孔。
    8) 压力分散型锚杆和可重复高压注浆型锚杆施工宜采用套管护壁钻孔。
  c) 钢筋锚杆杆体的制作应符合下列规定：
    1) 制作前钢筋应平直、除油和除锈。
    2) 当 HRB 钢筋接长采用焊接时,双面焊接的焊缝长度不应小于 $5d$。
    3) 沿杆体轴线方向每隔 1.5 m～2.0 m 应设置一个对中支架,注浆管、排气管应与锚杆杆体绑扎牢固。
  d) 钢绞线或高强钢丝锚杆杆体的制作应符合下列规定：
    1) 钢绞线或高强钢丝应清除油污、锈斑,严格按设计尺寸下料,每根钢绞线的下料长度误差不应大于 50 mm。
    2) 钢绞线或高强钢丝应平直排列,沿杆体轴线方向每隔 1.0 m～1.5 m 设置一个隔离架,注浆管和排气管应与杆体绑扎牢固,绑扎材料不宜采用镀锌材料。
    3) 对于可重复高压注浆锚杆或荷载分散型锚杆杆体制作按《岩土锚杆(索)技术规程》(CECS 22)执行。
  e) 锚杆杆体存储应符合下列规定：
    1) 杆体制作完成后应尽早使用,不宜长期存放。

2) 制作完成的杆体不得露天存放,宜存放在干燥清洁的场所。应避免机械损伤杆体或油渍溅落在杆体上。
3) 当存放环境相对湿度超过85%时,杆体外露部分应进行防潮处理。
4) 对存放时间较长的杆体,在使用前必须进行严格检查。

f) 锚杆杆体安装应符合下列规定:
1) 在杆体放入钻孔前,应检查杆体的加工质量,确保满足设计要求。
2) 安放杆体时,应防止扭压和弯曲。注浆管宜随杆体一同放入钻孔。杆体放入孔内应与钻孔角度保持一致。
3) 安放杆体时,不得损坏防腐层,不得影响正常的注浆作业。
4) 全长黏结型杆体插入孔内的深度不应小于杆体长度的95%,预应力锚杆插入孔内的深度不应小于锚杆长度的98%。杆体安放后,不得随意敲击,不得悬挂重物。

g) 锚杆钻孔内注浆应符合下列规定:
1) 向下倾斜的钻孔内注浆时,注浆管的出浆口应插入距孔底300 mm～500 mm处,浆液自下而上连续灌注,且确保从孔内顺利排水、排气。
2) 向上倾斜的钻孔内注浆时,应在孔口设置密封装置,将排气管端口设置于孔底,注浆管应设在离密封装置不远处。
3) 注浆设备应有足够的浆液生产能力和所需的额定压力,采用的注浆管应能在1 h内完成单杆锚杆的连续注浆。
4) 注浆后不得随意敲击杆体,也不得在杆体上悬挂重物。
5) 注浆材料应根据设计要求确定,不得对杆体产生不良影响。宜选用灰砂比1∶0.5～1∶1的水泥砂浆或水灰比0.45～0.50的纯水泥浆。
6) 注浆浆液应搅拌均匀,随搅随用,并在初凝前用完。严防石块、杂物混入浆液。
7) 当孔口溢出浆液或排气管停止排气时,可停止注浆。
8) 锚杆张拉后,应对锚头和锚杆自由段间的空隙进行补浆。
9) 可重复高压注浆锚杆的注浆尚应符合《岩土锚杆(索)技术规程》(CECS 22)规定。
10) 浆体强度检验用试块每30根锚杆不应少于一组,每组不应少于6个试块。

h) 锚杆张拉和锁定应符合《岩土锚杆(索)技术规程》(CECS 22)规定。

8 防治工程监测

8.1 采空塌陷防治工程监测包括施工安全监测、防治效果监测和动态长期监测。应以施工安全监测和防治效果监测为主,所布网点应可供长期监测利用。在施工期间,监测结果应作为判断采空塌陷稳定状态、指导施工、反馈设计和防治效果检验的重要依据。

8.2 采空塌陷防治工程监测应根据采空塌陷特征和工程的需要布设。当为Ⅰ级和Ⅱ级时,应建立地表与深部相结合的综合立体监测网,并与长期监测相结合;当为Ⅲ级时,在施工期间应建立安全监测和防治效果监测点,同时可建立以群测为主的长期监测点。采空塌陷防治工程分级见《采空塌陷防治工程设计技术规范》的相关规定。

8.3 采空塌陷监测方法的确定、仪器的选择,既要考虑到能反映采空塌陷的变形动态,又要考虑到仪器维护方便和节约投资。

8.4 采空塌陷监测系统包括仪器安装、数据采集、传输和存储、数据处理、预测预报等。

8.5 采空塌陷监测应采用先进和经济实用的方法技术,与群测群防相结合。

8.6 施工安全监测应对采空塌陷进行实时监控,以了解由于工程扰动等因素对采空塌陷的影响,并及时指导工程实施、调整工程部署、安排施工进度等,宜采用连续自动定时观测方式进行监测。

8.7 施工安全监测点应布置在采空塌陷稳定性差或工程扰动大的部位,力求形成完整的剖面,采用多种手段相互验证和补充。

8.8 防治效果监测将结合施工安全和长期监测进行,了解工程实施后采空塌陷的变化特征,为工程竣工验收提供科学依据。

8.9 防治效果监测时间长度不应小于1个水文年,数据采集时间间隔宜为10 d～15 d。在外界扰动较大时,如暴雨期间,应加密观测次数。

8.10 防治效果监测一方面了解采空塌陷变形破坏特征,另一方面可以直接了解工程实施的效果。

8.11 采空塌陷长期监测在防治工程竣工后,对采空塌陷进行动态跟踪,了解采空塌陷稳定性变化特征。长期监测主要针对Ⅰ级和Ⅱ级采空塌陷防治工程进行。

9 环境保护与施工安全措施

9.1 环境保护

9.1.1 采空塌陷区施工前,应以标牌公示治理工程概况和环境保护责任人,并做好与当地居民、基层组织的沟通协调。

9.1.2 按照绿色施工要求,做到节地节能节材。临时用地在满足施工需要的前提下应节约用地,施工中保护周边植被环境,不随意乱砍、滥伐林木。

9.1.3 临时道路、临时场地宜硬化,并保证路面平整、干净。

9.1.4 利用当地已有道路时,采用全封闭式自卸车或在运输的全程对渣土全覆盖等措施尽量减少车辆抛洒物,安排专人及时清扫路面,晴天注意洒水除尘,在车辆进出场的地方设置清洗设备。

9.1.5 优选低噪声机械设备,合理布置施工场地,降低施工噪声对民众生活的干扰。

9.1.6 弃土前办理临时征地手续,弃土按指定地点有序堆放,必要时采取工程措施确保边坡稳定,避免弃渣流失污染环境。

9.1.7 弃土不得堆积在沟谷中阻碍沟道,不得堆填在江河水域,弃土坡脚宜设置挡土结构。

9.1.8 设备维修保养产生的废品应分类堆放、分类管理,集中处理,对于有毒有害的物质应提供适宜的储存环境,使用密闭式容器,防止泄露。

9.1.9 生活区设垃圾池,垃圾集中堆放,并及时清运至定点垃圾场。生产生活废水排放应遵守当地环境保护部门的规定,宜经沉淀净化处理后达标排放。

9.1.10 施工结束后应对施工垃圾集中清理堆填,拆除临建设施,恢复原有的生态环境。

9.1.11 保护野生动物资源,做到不捕猎捕捞野生动物。

9.1.12 发现文物时,应立即停止施工,采取合理措施保护现场,同时将情况报告给建设单位和文物管理部门。

9.2 施工安全措施

9.2.1 项目管理机构应设置安全职能部门,建立完善的安全保证体系。安全人员的配备需符合国家安全生产的相关规定。

9.2.2 在编制施工组织设计的同时,应针对工程特点,认真进行危险源的查找与分析,并制订相应的安全管理措施和技术措施。

9.2.3 施工过程中应对采空塌陷变形加强监测,如出现变形异常应立即组织人员及设备撤离,防止施工中产生塌陷事故。

9.2.4 施工中采用新技术、新工艺、新设备、新材料时,必须制订相应的安全技术措施。

9.2.5 施工中现场平面布置应符合安全规定及文明施工的要求,现场道路应平整密实,保持畅通。

9.2.6 施工区域周边宜设置标识,非施工人员不得随意进入施工场地。危险地点应悬挂醒目的安全标识,现场人员均应佩戴安全帽。

9.2.7 施工现场临时用电必须执行《施工现场临时用电安全技术规范》(JGJ 46)规定。施工爆破遵守《爆破安全规程》(GB 6722)相关规定。

9.2.8 设备操作人员应持证上岗,特种作业人员应持有特种作业资格证。尤其爆破开挖中的装药、爆破作业,应选用经验丰富的作业人员。

9.2.9 挖方工程施工时,边坡上、下不得同时作业,危岩体开挖爆破应制订专门的安全施工方案。

9.2.10 爆破作业应安排在白天进行,尽量采用少药量、延时爆破作业方式。

9.2.11 砌筑支撑或井下巷道加固施工前,需勘查洞内危岩的稳定性,对可能影响安全的危石、松散体进行清除后再施工。

9.2.12 桩基穿(跨)越人工挖孔施工中,孔口四周应设置护栏,护栏高度宜为0.8 m,非施工人员不得靠近井口;锁口梁应高出地面不小于200 mm,不得向孔内抛丢物件,防止吊斗及开挖土石落入孔内;挖出的土石方应及时运离孔口,不得堆放在孔口周边1 m范围内,机动车辆的通行不得对井壁的安全造成影响;每日开工前必须检测井下的有毒、有害气体,并应有足够的安全防范措施;当桩孔开挖深度超过10 m时,应有专门向井下送风的设备,风量不宜小于25 L/s。当渗水量过大时,应采取场地截水、降水或水下灌注混凝土等有效措施。不得在桩孔中边抽水边开挖边灌注,包括相邻桩的灌注。

9.2.13 挖孔桩护壁应设置安全爬梯,以便施工人员应急逃离。所有上下孔底的人员应挂安全绳,孔内施工时孔口必须有专人值守,暂停施工的桩孔应对孔口覆盖保护。

9.2.14 挖孔桩提升绞车应安全可靠并配自动卡紧保险,支撑架牢固稳定,钢丝绳无断丝。提升机械应有防倾倒装置,提升能力应与吊斗配套,旋转臂长应能使吊斗居中,吊斗吊钩应有防开保险装置。

9.2.15 采空区内存留的矿体为有毒有害的矿体时,随着开挖的揭露会形成粉尘与块体,对大气、土壤、水域造成污染,对施工人员的健康及安全构成威胁。对此应采取以下措施:

  a) 对存留的有毒有害矿体单独存放,应设置防雨、防流失、防泄露及防飞扬等设施,进行"有毒有害"标识。

  b) 施工中产生的废水应集中储存、集中处理,毒性降低至规定的要求后,再进行排放。

  c) 应派专人对开挖、装车、运输、卸车及堆放环节进行严格的管理与监督。

  d) 有条件的,可在"产、运、卸"的过程中实施全封闭施工。

  e) 废弃矿渣应统一、集中堆放,边堆放边平整并进行绿化。

  f) 按有关规范标准,对施工人员进行劳保防护。

10 施工质量检验与验收

10.1 一般规定

10.1.1 采空塌陷防治工程质量评定标准,适用于中间检查和竣(交)工验收。

10.1.2 施工单位应在每道工序完成后进行相应的自检和验收,监理工程师应参加验收,并做好隐蔽工程记录。不合格时,不允许进入下一道施工工序。重要的中间工程和隐蔽工程检查应由建设单位代表、监理工程师和设计代表共同参加检查验收。

10.1.3 工程完成后,施工单位应对工程质量进行自检和评定,自检合格后,将竣工报告有关资料提交建设单位。由建设单位委托具有工程质量检测资质的单位,对工程质量进行检测。建设单位收到工程质量检测报告后组织当地工程质量监督部门、监理工程师、设计代表及验收专家组进行检查、验收和质量评定。

10.1.4 工程验收应检查竣工档案、工程数量和质量,填写工程质量检查表,评定工程质量等级。

10.1.5 采空塌陷防治工程质量等级分为合格和不合格。不合格的工程经返工达到要求后,只能评定为合格。未达到合格要求的,不能通过验收。

10.2 灌注充填法

10.2.1 一般规定:

a) 采用采空塌陷灌注治理工程施工过程质量评定(包括质量保证资料)、工后质量检测两方面综合评定方法,综合评定的内容见附录C。

b) 采空塌陷灌注治理工程质量检验评定依据为治理工程设计文件及相关规范规程。

c) 采空塌陷灌注治理工程质量检验宜在施工结束3个月后进行。

d) 采空塌陷灌注治理工程质量评定单元划分为单位工程、分部工程和分项工程。单位工程是指每个合同段作为一个单位工程。根据采空区治理施工特点,分部工程划分为施工过程质量控制和工后质量检测两部分。根据施工方法和工序,施工过程中分项工程划分为钻孔、帷幕孔注浆和注浆孔注浆;工后质量检测评定分为钻探检查和物探检测。

e) 施工单位应按规范规定的施工表格,提交施工原始记录、试验数据、分项工程自检数据等质量保证资料。监理单位负责提交监理资料,提交的资料包括开工报告、浆液配比试验数据、钻孔资料、注浆资料、施工单位施工总结、监理单位工程监理总结和设计单位设计执行情况说明。具备以上前4项,施工单位可按以下评定办法和标准进行施工过程自检评定验收与监理监督评定验收;具备以上5项,可进行单位工程的质量评定和交工验收。

f) 工程质量评定以分项工程为评定单元,采用100分制评分方法进行评分,在各分项工程质量评定的基础上,逐级计算各个分部工程、单位工程评分值和单位工程质量等级评定。分值计算办法见附录D。

g) 单位工程分值计算方法。单位工程分数=施工过程质量得分×40%+工后质量检测得分×60%。

h) 单位工程等级评定。单位工程质量等级评定总分不小于75为合格,总分小于75为不合格。

10.2.2 施工过程质量评定:

a) 施工过程质量评定标准见表6。

b) 施工过程质量评定(分项工程评定)分值计算办法见附录D和附录E。

表6 施工过程质量评定标准表

分项工程	检查项目	检查方法	评定标准
钻孔	孔位	孔位放样、监理复测记录	符合设计文件要求
	孔斜	钻孔测斜记录、监理记录	符合设计文件要求
	孔深	终孔孔深记录、监理记录	符合设计文件要求
帷幕孔注浆（骨料）	浆液配比	注浆班报表、监理旁站记录	符合设计文件要求
	水泥占固相的比例		符合设计文件要求
	平均结石率		符合设计文件要求
	投放骨料比例		符合设计文件要求
	单孔注浆方法与工艺		符合设计文件要求
	注浆结束压力		符合设计文件要求
注浆孔注浆（骨料）	浆液配比	注浆班报表、监理旁站记录	符合设计文件要求
	水泥占固相的比例		符合设计文件要求
	平均结石率		符合设计文件要求
	投放骨料比例		符合设计文件要求
	单孔注浆方法与工艺		符合设计文件要求
	注浆结束压力		符合设计文件要求
质量保证资料	建设工程文件归档整理规范（GB/T 50328）	查阅资料	符合规范要求

10.2.3 工后质量检测：

a) 工后质量检测是以局部检测结果来全面评价采空塌陷注浆工程质量及效果的评价方法，检测方案应具有兼顾重点及难点的基本原则。

b) 工后质量检测方法分为钻探检查和物探检查。钻探检查与物探检查项目应满足设计文件要求，钻探一般检查注浆段岩芯采取率及结石体强度，物探可采用电法、地震等方法，所选用的方法宜与勘察阶段的物探方法保持一致。

c) 工后质量检测项目、方法、要求及合格标准应符合表7的规定。

d) 施工过程质量评定（分项工程评定）分值计算办法见附录D和附录F。

表7 采空塌陷工后检测方法及合格标准

检测项目	检测方法	检测要求	合格标准
钻探过程观测与描述	钻探、岩芯描述、孔内电视	钻进满足《建筑工程地质勘探与取样技术规范》（JGJ/T 87），描述满足《岩土工程勘察规范》（GB 50021）	采空区冒落段岩芯采取率大于90%，浆液结石体明显，钻进过程中无掉钻、卡钻、孔口吹吸风、循环液漏失等钻探异常现象
结石体无侧限抗压强度 R_c/MPa	钻探、室内试验	满足有关国家标准要求	防治工程等级为Ⅰ级、Ⅱ级不应小于2.0 MPa，防治工程等级为Ⅲ级、Ⅳ级不应小于0.6 MPa
横波波速 v_s/(m·s^{-1})	孔内波速（跨孔CT）	竖向间距宜为1.0 m	防治工程等级为Ⅰ级、Ⅱ级不应小于350 m/s，防治工程等级为Ⅲ级、Ⅳ级不应小于250 m/s

表7 采空塌陷工后检测方法及合格标准（续）

检测项目	检测方法	检测要求	合格标准
灌注量 /L·min^{-1}	孔内压浆	检查漏浆量并补注	注浆压力达到设计结束压力后，单位时间注浆量应小于 50 L/min 且持续时间超过 15 min 作为结束注浆控制标准，当浆液的注入量小于治理单孔平均注浆量的5%，应查明原因
倾斜值 i/mm·m^{-1} 水平变形值 ε/mm·m^{-1} 曲率值 K/mm·m^{-2}	变形监测	满足《采空塌陷防治工程设计规范》(T/CAGHP 012—2018)要求	应符合《采空塌陷防治工程设计规范》(T/CAGHP 012—2018)4.2条规定的防治工程实施后的地表 $i_基$、$k_基$ 及 $\varepsilon_基$（已修改）

注1：采空塌陷结石体抗压强度指标适用于地基主要受力层以外的采空塌陷防治范围，对于建筑地基主要受力层范围内，应满足建筑荷载使用要求。
注2：全部检测项目达到设计要求及检测标准时，施工质量为合格；有一项检测项目未达到设计要求或检测标准时，施工质量为不合格，应进行综合分析，并制订补救措施方案。

10.2.4 施工质量检测与评定报告内容应包括工程概况、检测项目、检测方法、实际完成工程量、试验数据、工程质量和治理效果评价，并应整理原始记录、图件、表格及影像资料，一并装订存档。

10.3 开挖回填法

10.3.1 质量检验内容包括开挖坡率、压实系数、承载力等项目。

10.3.2 黏性土、灰土的施工质量检验可用环刀法、试坑法、触探或标准贯入试验检验。采用环刀法或试坑法检验施工质量时，取样点应位于每层厚度的2/3深度处，且每 100 m² 不应少于1个检验点；采用试坑法时，试坑尺寸不小于 30 cm×30 cm×30 cm；触探检验时，检测点的平面位置宜随机抽取。当有工作经验时，可采用剪切波速进行质量检验。

10.3.3 回填的施工质量检验应分层进行，在各层的压实系数符合设计要求后铺设下层土。

10.3.4 竣工验收宜采用载荷试验检验垫层承载力，单体工程不宜少于3点；对于大型群体工程可按单体工程或基坑的面积确定检验点数量，各单体工程或每 500 m² 基坑不少于一个检验点。

10.3.5 质量评定标准：
a) 开挖坡率应符合设计要求，且能满足施工安全需要。
b) 填土应分层进行，每层填土压实系数应符合设计要求。
c) 承载力应满足设计要求。
d) 开挖回填工程质量检验技术要求按照《建筑地基处理技术规范》(JGJ 79)执行。

10.4 砌筑支撑法

10.4.1 质量检验内容包括原材料质量、砂浆强度、平面位置、高度、断面尺寸、顶面结合程度、表面平整度等项目。

10.4.2 质量评定标准：
a) 原材料应有出厂合格证、材料强度应符合设计要求，砂浆强度不低于设计值。
b) 断面尺寸应不小于设计要求。
c) 地基应满足设计要求。
d) 砌石分层错缝、嵌填砂浆的饱满度和密实度应满足有关要求。
e) 砌石允许的偏差应满足表8要求。

表 8 砌筑支撑允许偏差表

序号	检测项目		允许偏差/mm	检查方法
1	平面位置		±50	每 20 m 用经纬仪或全站仪检查 3 点
2	断面尺寸		≥设计要求	每 20 m 用 2 m 直尺检查 3 处
3	顶面结合距离		≤10 mm	每 20 m 用 2 m 直尺检查 3 处
4	表面平整度（凹凸差）	浆砌块石	±20	每 20 m 用 2 m 直尺检查 3 处
		浆砌块石	±30	
		干砌片石	±50	

10.5 桩基穿（跨）越法

10.5.1 质量检验内容包括原材料质量、桩孔开挖、护壁、钢筋制作与安装、桩身混凝土灌注质量等项目。

10.5.2 桩孔开挖检验平面位置、断面尺寸、孔底高程、孔底沉渣厚度、桩周土等项目。

10.5.3 护壁检验混凝土强度、混凝土与周岩结合情况、垂直度等。

10.5.4 桩身检验钢筋配置、钢筋笼焊接、竖向柱钢筋的搭接位置、主筋间距、箍筋间距、混凝土种类、混凝土强度、混凝土密实度、桩顶高程等。

10.5.5 桩身质量检测方法为目测、尺检、测量、钻孔取芯检测、动力检测、取样试验等。

10.5.6 工程桩承载力应采用单桩静载试验的方法进行检测，有经验的地区，也可采用高应变动测法作为补充检测手段对工程桩单桩竖向承载力进行检测；检测数量不宜小于总桩数的 5%，且不宜少于 5 根，单柱单桩应全部检测。

10.5.7 工程桩应采用钻芯法或声波透析法、动测法检测桩长、桩身完整性；检测数量不宜小于总桩数的 20%，且不应少于 10 根。

10.5.8 大直径桩的承载力可根据桩端持力层岩性报告结合桩的质量检验报告进行核验。

10.5.9 质量评定标准：
a) 成桩深度、桩身断面、桩体进入采空区底板深度应满足设计要求。
b) 实际浇筑混凝土体积不应小于计算体积，桩身连续完整。
c) 原材料和混凝土强度应符合设计要求和有关规范的规定。
d) 钢筋配置数量应符合设计要求，竖向主钢筋或其他钢材的搭接应避免设在土石分界和采空区位置。
e) 桩基工程质量检验应符合《建筑桩基技术规范》(JGJ 94)、《建筑地基基础工程施工质量验收规范》(GB 50202)及《建筑基桩检测技术规范》(JGJ 106)的要求。

10.6 井下工程

10.6.1 采空塌陷防治中井下工程主要包括井下巷道加固工程和井下防水闸门工程。

10.6.2 井下工程质量检验应按照《煤矿矿井巷道断面及交叉点设计规范》(MT/T 502)及相关规范要求执行。

10.7 工程验收

10.7.1 采空塌陷工程验收时,应提交下列资料:
  a) 采空塌陷勘查报告、采空塌陷防治施工图、图纸会审纪要(记录)、设计变更单及材料代用通知单等。
  b) 经审定施工组织总设计、分部分项工程施工组织设计、施工方案及执行中的变更情况、开工报告。
  c) 防治工程测量放线图及其签证单。
  d) 原材料(水泥、砂、石料、外加剂等)出厂合格证及复检报告。
  e) 浆液配合比试验报告。
  f) 浆液试块强度试验报告。
  g) 钻孔施工资料为施工放样表、钻孔班报表、地质编录表、钻孔柱状(指取芯孔)、单孔钻探成果汇总表、钻孔终孔检验单、中间验收申请表、工程报验单和驻地监理的工程检验认可书。
  h) 注浆施工资料为单孔注浆量设计、注浆班报记录表、浆液试验检测记录表、注浆监理旁站记录表,单孔注浆成果汇总表,钻孔注浆完工检验单、中间检验申请单、工程报验单和驻地监理的工程检验认可书。
  i) 各分部分项质量检查报告。
  j) 工程质量检测报告。
  k) 竣工报告及竣工图。
  l) 采空塌陷监测报告(包括整个施工期及施工完成后两个水文年)。
  m) 其他相关资料。

附 录 A
（资料性附录）
水泥粉煤灰浆和水泥黏土浆中各材料用量计算公式

A.1 水泥粉煤灰浆和水泥黏土浆中各材料用量可按下式计算：

$$W_c = a_c \frac{V_g}{\frac{a_c}{d_c}+\frac{a_e}{d_e}+\frac{a_w}{d_w}} \quad \cdots\cdots\cdots\cdots\cdots\cdots\cdots\cdots\cdots\cdots\cdots (A.1)$$

$$W_e = a_e \frac{V_g}{\frac{a_c}{d_c}+\frac{a_e}{d_e}+\frac{a_w}{d_w}} \quad \cdots\cdots\cdots\cdots\cdots\cdots\cdots\cdots\cdots\cdots\cdots (A.2)$$

$$W_w = a_w \frac{V_g}{\frac{a_c}{d_c}+\frac{a_e}{d_e}+\frac{a_w}{d_w}} \quad \cdots\cdots\cdots\cdots\cdots\cdots\cdots\cdots\cdots\cdots\cdots (A.3)$$

式中：

W_c——水泥质量(kg)；

W_e——黏性土(或粉煤灰)质量(kg)；

W_w——水的质量(kg)；

V_g——水泥浆体积(L)；

a_g——浆液中水泥所占质量比例；

a_e——浆液中黏性土(或粉煤灰)所占质量比例；

a_w——浆液中水所占质量比例；

d_c——水泥相对密度(kg/L)，可取 $d_c=3$；

d_e——黏性土(或粉煤灰)相对密度(kg/L)；

d_w——水的密度(kg/L)，可取 $d_w=1$。

附 录 B
（规范性附录）
灌注充填法施工附表

表 B.1 钻孔开孔定位质量检验报告单

施工单位：　　　　　　　　　　　　　　　　　　　　　　　　监理单位：

工程名称				
钻孔孔号			测量时间	
测量定位依据			测量仪器	
平面定位方法		钻孔定位	设计孔位	X＝
标高定位方法				Y＝
钻机类型				Z＝
钻机就位	检验方法		实际施工孔位	X＝
	检验频率			Y＝
	平稳度			Z＝
钻机立轴垂直度	垂直度		平面偏差距离/cm	
开孔定位质量评价				

记　录：　　　　　　　　　　质检员：　　　　　　　　　制表日期：
班　长：　　　　　　　　　　监　理：　　　　　　　　　共　页　第　页

表 B.2 钻孔施工成果表

工程名称：
监理单位：
施工单位：
施工时间：
钻孔孔号：

钻孔孔号		孔口标高		钻进过程中发生的异常情况及其分析
开孔直径/mm		开孔时间		
终孔直径/mm		终孔时间		
钻孔深度/m		钻孔孔斜/(°)		
钻孔变径深度/m		钻机型号		
第四纪地层厚度/m		钻进方式		
井口（护壁）管长度/m		地下（空洞）水位深度/m		
钻孔冲洗	冲洗压力/MPa		护壁管下入层位	下入长度/m	
	冲洗时间/min			岩层特征	
	单位漏失量/L·min⁻¹		灌注管长度/m		
					质量评价

记　录：　　　　　质检员：　　　　　制表日期：
班　长：　　　　　监　理：　　　　　共　页　第　页

表 B.3 钻孔施工记录表

工程名称：　　　　　　　　　　钻孔编号：　　　　　　　　　　孔口标高：　　　　　　　　　　钻孔深度：
钻机类型：　　　　　　　　　　钻进方式：　　　　　　　　　　开孔时间：　　　　　　　　　　终孔时间：

钻具长度/m	钻探				岩芯概述				钻进异常情况（漏水、吸风、掉钻等）	水文观测		孔斜测量		钻孔结构	钻孔重要节点记录
	回次加尺/m	机上余尺/m	回次进尺/m	累计钻进深度/m	回次岩芯编号	回次岩芯长度/m	采取率/%	岩土名称		耗水量/m³	水位/m	测量孔深/m	孔斜/(°)		
1	2	3	4	5	6	7	8	9	10	11	12	13	14	15	16
														开孔直径/m	第四系松散层厚度/m
															护壁套管长度/m
														变换孔径/m	漏水、漏风深度/m
															遇空洞顶深度/m
															掉钻长度/m
															采空区充孔水位/m
														终孔直径/m	钻孔终孔深度/m
															注浆管长度/m
															钻孔变径深度/m
														钻孔记录质量等级	

记　　录：　　　　　　　　　　质检员：　　　　　　　　　　制表日期：
班　　长：　　　　　　　　　　监　理：　　　　　　　　　　共　页　第　页

表 B.4 浇筑灌注管记录成果表

工程名称：　　　　　　　　　　　　　　　施工单位：　　　　　　　　　　　　　　　钻孔孔号：
监理单位：　　　　　　　　　　　　　　　浇筑时间：

开孔直径/mm		孔口(护壁)管长度/m		水泥用量/kg	
终孔直径/mm		灌注管直径/mm		碎石用量/kg	
钻孔深度/m		灌注管长度/m		砂子用量/kg	
变换孔径深度/m		孔口管浇筑长度/m		止浆设备名称	
孔口(护壁)管下入深度/m		浇筑材料类型		浇筑孔口管质量等级	
孔口(护壁)管下入层位、特征		浇筑材料配合比			

记　录：　　　　　　　　　　　　　　　质检员：　　　　　　　　　　　　　　　制表日期：
班　长：　　　　　　　　　　　　　　　监　理：　　　　　　　　　　　　　　　共　页　第　页

表 B.5 灌注浆液配制记录表

工程名称：　　　　　　　　　　　　　　　　　施工单位：　　　　　　　　　　　　　　　　　钻孔孔号：
监理单位：　　　　　　　　　　　　　　　　　浇筑时间：

配制浆液时间段				浆液制作配合比（水：水泥：粉煤灰）	速凝剂掺量（水泥重量百分比）/%	单盘浆液体积/m³	浆液配制量		浆液总量/m³		检测时间		浆液技术指标检测			试样制作编号	受注钻孔编号
月	起		止				制作盘数		分时段	累	日	时 分	结石率/%	密度/g·cm⁻³	黏稠度/s		
日	时	分	时 分				分段	累计									

记　录：　　　　　　　　　　　　　　　　　质检员：　　　　　　　　　　　　　　　　　制表日期：
班　长：　　　　　　　　　　　　　　　　　监　理：　　　　　　　　　　　　　　　　　共　页　第　页

表 B.6 钻孔灌注施工成果表

工程名称：　　　　　　　　　　　　　　　　　施工单位：　　　　　　　　　　　　　　　　钻孔孔号：
监理单位：　　　　　　　　　　　　　　　　　浇筑时间：

钻孔深度/m				
受注段长度/m		止浆塞下入深度/m		
灌注方法		受注段层位		
		灌注次数		
灌注压力/MPa	初始压力		灌注时间/min	开始时间
	结束压力			终止时间
	设计压力			纯注时间
浆液配合比	水固比		浆液材料用量/t	水
	固相比			水泥
	水:水泥:粉煤灰			粉煤灰
	速凝剂掺量/%			速凝剂
单位灌注量/L·min⁻¹	初始灌注量		全孔总灌注量/m³	
	结束灌注量		粗骨料填量/m³	
	设计灌注量		灌注终止标志	
灌注过程中发生的各种异常现象及其分析				
质量评价				

记　录：　　　　　　　　　　　　　　　　　　质检员：　　　　　　　　　　　　　　　制表日期：
班　长：　　　　　　　　　　　　　　　　　　监　理：　　　　　　　　　　　　　　　共　页　第　页

表 B.7 灌注施工记录表

工程名称：　　　　　　　　　　　　钻孔编号：　　　　　　　　　　　　钻孔深度：
灌注方法：　　　　　　　　　　　　灌注开始时间：　　　　　　　　　　灌注结束时间：

灌注时段记录				灌注累计时间/min	单位灌注量 /L·min⁻¹	灌注量/m³		粗骨料填量 /m³	孔口灌注压力/MPa	浆液配合比		灌注异常情况记录
起		止				分时段灌注量	累计灌注量			水固比	固相比 水泥：粉煤灰	
日	时 分	日	时 分									
												灌注记录质量等级

记　录：　　　　　　　　　　　　质检员：　　　　　　　　　　　　制表日期：
班　长：　　　　　　　　　　　　监　理：　　　　　　　　　　　　共　页　第　页

附 录 C
（资料性附录）
灌注充填法工程质量评定单元划分一览表

单位工程		分部工程	分项工程	备注
编号	合同段名称			
××××—××××	××采空区治理工程	施工过程质量控制	钻孔	
			帷幕孔注浆	
			注浆孔注浆	
			质量保证资料	
		工后质量检测	钻探检查	
			物探检测	

附　录　D
（资料性附录）
灌注充填法工程质量评定分值计算办法

D.1　检查项目分值计算方法

各检查项目分数＝100×合格率
合格率＝（检查项目合格数/检查项目总数）×100％
分项工程分数＝∑（各检查项目分数×检查项目权值）/∑检查项目权值
施工过程质量评定分数＝∑（分项工程分数×分项工程权值）－质量保证资料总扣分
工后质量检测评定分数＝∑（分项工程分数×分项工程权值）

D.2　工后质量检测项目计分办法

（1）　注浆段取芯

注浆段取芯检查以检查孔钻探注浆段每回次的取芯率≥设计值为合格的评定标准。
合格率＝（注浆段取芯率≥50％回次数/注浆段总回次数）×100％

（2）　干燥结石体强度

干燥结石体是指检查孔所取注浆段的岩芯按试验室规定烘干后的结石体岩芯。
干燥结石体强度以干燥结石体抗压强度≥设计值为合格的评定标准。
合格率＝（干燥结石体抗压强度≥设计值/总测试数）×100％

（3）　孔内波速

孔内波速检测处治工程质量以波速≥设计值为合格的评定标准。
合格率＝[采空区注浆段≥设计值(m/s)测点数/采空注浆段的总测点数]×100％
其他物探方法参考孔内波速的计算方法。

附 录 E
（资料性附录）
灌注充填法施工过程质量（分项工程评定）评定表

表 E.1 钻孔检查项目评定一览表

工程名称：

钻孔编号	检查项目					
	孔位		孔斜		孔深	
	合格（≥设计值）	不合格（＜设计值）	合格（≥设计值）	不合格（＜设计值）	合格（≥设计值）	不合格（＜设计值）
×-1						
…						
合计						
合格率/%	（合格总数/总钻孔数）×100%		（合格总数/总钻孔数）×100%		（合格总数/总钻孔数）×100%	

填表：　　　　　　复核：　　　　　　项目经理：　　　　　　时间：
驻地监理：　　　　　　　　　　　　监理组长：　　　　　　时间：

表 E.2 帷幕孔注浆检查项目评定一览表

工程名称：

钻孔编号	检查项目									
	浆液配比		结石率		单孔注浆方法与工艺		结束压力		水泥占固相比例	
	合格（≥设计值）	不合格（＜设计值）	合格（≥设计值）	不合格（＜设计值）	合格（≥设计值）	不合格（＜设计值）	合格（≥设计值）	不合格（＜设计值）	合格（≥设计值）	不合格（＜设计值）
×W-1										
…										
合计										
合格率/%	（配比合格孔数/总钻孔数）×100%		（结石合格总数/总检测次数）×100%		（单孔合格总数/总钻孔数）×100%		（结束压力合格数/总钻孔数）×100%		（水泥占固相比例合格数/总钻孔数）×100%	

填表：　　　　　　复核：　　　　　　项目经理：　　　　　　时间：
驻地监理：　　　　　　　　　　　　监理组长：　　　　　　时间：

表 E.3 注浆孔注浆检查项目评定一览表

工程名称：

钻孔编号	检查项目									
	浆液配比		结石率		单孔注浆方法与工艺		结束压力		水泥占固相比例	
	合格（≥设计值）	不合格（<设计值）	合格（≥设计值）	不合格（<设计值）	合格（≥设计值）	不合格（<设计值）	合格（≥设计值）	不合格（<设计值）	合格（≥设计值）	不合格（<设计值）
×Z-1										
…										
合计										
合格率/%	（配比合格孔数/总钻孔数）×100%		（结石合格总数/总检测次数）×100%		（单孔合格总数/总钻孔数）×100%		（结束压力合格数/总钻孔数）×100%		（水泥占固相比例合格数/总钻孔数）×100%	

填表：　　　　　　　　复核：　　　　　　　　项目经理：　　　　　　　　时间：

驻地监理：　　　　　　　　　　　　　　　　　　监理组长：　　　　　　　　时间：

附 录 F
（资料性附录）
灌注充填法工后质量检测评定表

表 F.1 工后钻探检查项目评定一览表

工程名称：

钻探编号	检查项目			
	注浆段取芯率		干燥结石体抗压强度	
	合格（≥设计值）	不合格（＜设计值）	合格（≥设计值）	不合格（＜设计值）
×J-1				
...				
合计				
合格率/%	（注浆段取芯合格回次数/总回次数）×100％		（干燥结石体强度合格数/总检测个数）×100％	

填表： 复核： 项目经理： 时间：
驻地监理： 监理组长： 时间：

表 F.2 工后物探检查项目评定一览表

工程名称：

单位工程	检查项目							
	物探方法（一）				物探方法（二）			
	平面/m²		孔内波速/点		断面/m		平面/m²	
	合格（≥设计值）	不合格（＜设计值）	合格（≥设计值）	不合格（＜设计值）	合格（≥设计值）	不合格（＜设计值）	合格（≥设计值）	不合格（＜设计值）
×-×-×								
合格率/%	（合格面积/总面积）×100％		（合格总点数/总测点数）×100％		（合格总长度/断面总长）×100％		（合格面积/总面积）×100％	

填表： 复核： 项目经理： 时间：
驻地监理： 监理组长： 时间：

附 录 G
（资料性附录）
灌注充填法工程质量评定表

G.1 施工过程质量评定

表 G.1 施工过程质量检测项目及评定表

工程名称：

分项工程		检查项目	评定标准	检查项目权值	合格率	检查得分	分项工程权值	分项得分	综合得分
钻孔		孔位	合格标准	1.0			0.30		
		孔斜	合格标准	1.2					
		孔深	合格标准	1.2					
注浆	帷幕孔	浆液配比	合格标准	1.0			0.35		
		水泥占固相比例	合格标准	0.5					
		平均结石率	合格标准	1.5					
		单孔注浆方法与工艺	合格标准	0.5					
		注浆结束压力	合格标准	1.5					
	注浆孔	浆液配比	合格标准	1.0			0.35		
		水泥占固相比例	合格标准	0.5					
		平均结石率	合格标准	1.5					
		单孔注浆方法与工艺	合格标准	0.5					
		注浆结束压力	合格标准	1.5					
质量保证资料		见表 G.2	见表 G.3						

评定人：　　　　　　　　　评定负责人：　　　　　　　　　评定时间：

表 G.2 质量保证资料评定标准

资料类型	资料内容及表格名称	评定标准	扣分范围	备注
开工报告	材料质量检验结果、试验仪器标定结果	见表 G.1	0～3.0	按表 G.1 规定进行扣分
浆液配比	浆液配比试验数据			
钻孔资料	施工放样表、钻孔班报表、地质编录表、钻孔柱状（指取芯孔）、单孔钻探成果汇总表、钻孔终孔检验单、中间验收申请单、工程报验单和驻地监理的工程检验认可书			
注浆资料（帷幕孔和注浆孔）	单孔注浆量设计、注浆班报记录表、浆液试验检测记录表、注浆监理旁站记录表，单孔注浆成果汇总表，钻孔注浆完工检验单、中间检验申请单、工程报验单和驻地监理的工程检验认可书			
施工总结	施工单位施工总结、监理单位工程监理总结和设计单位设计执行情况说明			

注：资料内容及表格的形式与内容详见附录 B 表格。

表 G.3 质量保证资料完整程度与扣分标准

完整程度分类	判别依据	扣分标准
完整	资料齐全、无涂改、签字手续完善	0.0
较完整	资料齐全、涂改少于或等于4处、签字手续完善	1.5
不完整	资料齐全、涂改多于4处或签字手续不完善	3.0

注1：资料完整指按采空区处治专用表格要求填写，表格种类及内容齐全完整。
注2：资料完整程度与扣分按表G.2中5种类型资料进行，每类资料按完整、较完整、不完整3个等级分别按以上标准扣分。
注3：质量保证资料完整程度总扣分值等于G.2中资料扣分之和，参与施工过程质量评定。

填表：　　　　　　复核：　　　　　　项目经理：　　　　　　时间：
驻地监理：　　　　　　　　　　　　　监理组长：　　　　　　时间：

G.2 工后质量检测评定

表 G.4 工后质量检测项目及评定表

工程名称：

分部工程	检查项目	评定标准	检查项目权值	合格率	检查得分	分项工程权值	分项得分	综合得分
钻探检查	注浆段取芯率	合格标准	1.5			0.60		
	干燥结石体抗压强度	合格标准	1.0					
物探检测	物探方法（一）	合格标准	1.0			0.40		
	物探方法（二）	合格标准	1.3					
	物探方法（三）	合格标准	1.0					

注：物探检测在每个单位工程至少应选用2种方法计算评定，在可能情况下应采用3种物探方法检测。

评定人：　　　　　　评定负责人：　　　　　　评定时间：

G.3 单位工程质量评定

表 G.5 单位工程质量评定表

工程名称：

分部工程	综合得分	权重系数/%	计算分值	单位工程得分	质量等级
施工过程质量控制		40			
工后质量检测		60			

评定人：　　　　　　评定负责人：　　　　　　评定时间：